BEI GRIN MACHT SICH IHR WISSEN BEZAHLT

- Wir veröffentlichen Ihre Hausarbeit,
  Bachelor- und Masterarbeit

- Ihr eigenes eBook und Buch -
  weltweit in allen wichtigen Shops

- Verdienen Sie an jedem Verkauf

Jetzt bei www.GRIN.com hochladen
und kostenlos publizieren

Silvia Kornberger

Geschichte und Rahmenbedingungen der Umweltverträglichkeitsprüfung in Österreich

GRIN Verlag

Bibliografische Information der Deutschen Nationalbibliothek:

Die Deutsche Bibliothek verzeichnet diese Publikation in der Deutschen National-
bibliografie; detaillierte bibliografische Daten sind im Internet über http://dnb.d-
nb.de/ abrufbar.

Dieses Werk sowie alle darin enthaltenen einzelnen Beiträge und Abbildungen
sind urheberrechtlich geschützt. Jede Verwertung, die nicht ausdrücklich vom
Urheberrechtsschutz zugelassen ist, bedarf der vorherigen Zustimmung des Verla-
ges. Das gilt insbesondere für Vervielfältigungen, Bearbeitungen, Übersetzungen,
Mikroverfilmungen, Auswertungen durch Datenbanken und für die Einspeicherung
und Verarbeitung in elektronische Systeme. Alle Rechte, auch die des auszugsweisen
Nachdrucks, der fotomechanischen Wiedergabe (einschließlich Mikrokopie) sowie
der Auswertung durch Datenbanken oder ähnliche Einrichtungen, vorbehalten.

Impressum:

Copyright © 1999 GRIN Verlag GmbH
Druck und Bindung: Books on Demand GmbH, Norderstedt Germany
ISBN: 978-3-640-28847-2

Dieses Buch bei GRIN:

http://www.grin.com/de/e-book/123155/geschichte-und-rahmenbedingungen-der-
umweltvertraeglichkeitspruefung-in

GRIN - Your knowledge has value

Der GRIN Verlag publiziert seit 1998 wissenschaftliche Arbeiten von Studenten, Hochschullehrern und anderen Akademikern als eBook und gedrucktes Buch. Die Verlagswebsite www.grin.com ist die ideale Plattform zur Veröffentlichung von Hausarbeiten, Abschlussarbeiten, wissenschaftlichen Aufsätzen, Dissertationen und Fachbüchern.

Besuchen Sie uns im Internet:

http://www.grin.com/

http://www.facebook.com/grincom

http://www.twitter.com/grin_com

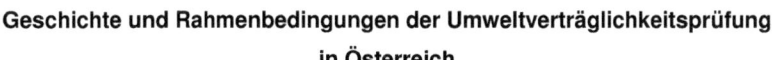

Geschichte und Rahmenbedingungen der Umweltverträglichkeitsprüfung
in Österreich

von

Silvia Kornberger

INHALTSVERZEICHNIS

Prolog 3

Aufgabensetzung der UVP 4

Funktionen der UVP 5

Kosten der UVP 6

Was heißt umweltverträglich? 6

Das Umweltverträglichkeitsgesetz 7

Zielsetzungen des UVP-Gesetzes 8

Verfahrensablauf 8

Hauptakteure im UVP-Verfahren 8

Bestellung von Sachverständigen 9

Amtssachverständige 10

nicht amtliche Sachverständige 10

Inhalt der Umweltverträglichkeitserklärung 10

Die 3 Abschnitte des UVP-Verfahrens 12

Verfahrensschritte 12

-    Screening: 12

-    Scoping: 12

Durchführung der Umweltverträglichkeitsuntersuchung: 13

Die Kompetenzen 13

Strafbestimmungen 14

Berufungsinstanz 14

Bürgerbeteiligung 15

Die Bürgerinitiative 15

Zusammenfassung 16

Abkürzungsverzeichnis 17

Literaturverzeichnis 17

PROLOG

Eine Einführung in die historische Entwicklung der
Umweltverträglichkeitsprüfung

Die UVP hat ihren Ursprung im „National Environmental Policy Act of 1969". Am 1.1.
1970 trat der NEPA in den USA in Kraft, damit wurde der Regierung die
Verantwortung übertragen, potenzielle Umweltauswirkungen geplanter Vorhaben
abzuschätzen. Die Zielsetzung einer UPV – das „Environmental Impact Statement"
(Umweltverträglichkeitsbericht) – besteht darin, umweltgefährdende Aktivitäten vor
ihrer Realisierung im Hinblick auf deren Auswirkungen auf Boden, Wasser, Luft,
Fauna, Flora, Klima und sonstige Elemente im Bereich des Umweltschutzes zu
untersuchen, um auf diese Weise eine bessere Entscheidungsgrundlage gewinnen
zu können.[1]
In Europa bemühte man sich seit den 70er Jahren um die Einführung der
Umweltverträglichkeitsprüfung. 1975 entstand der Entwurf eines
Umweltschutzgesetzes, in dessen Kernstück erstmals eine ,,öffentliche Prüfung der
Umweltverträglichkeit eines Vorhabens" vorgesehen war. Aufgrund inhaltlicher und
verfassungsrechtlicher Mängel wurde dieser Entwurf aber nicht weiter verfolgt. In den
80er Jahren intensivierte sich die Diskussion hinsichtlich der UVP. Relativ spät – erst
1985 kam es zur Verabschiedung einer EG-Richtlinie über die Prüfung der
Umweltverträglichkeit bei öffentlichen und privaten Projekten.
In Österreich wurden zahlreiche informelle Projektbeurteilungen im Rahmen der
Raumordnung unternommen. Besonders bei der Errichtung von Kraftwerken,
Fremdenverkehrs- oder Verkehrsinfrastrukturprojekten wurden sie als
,,Untersuchung", ,,Nutzwertanalyse", Raumordnungsgutachten" oder
,,Umweltverträglichkeitsprüfung" durchgeführt. Außer ihrem informellen Charakter
und ihrer Funktion als Grundlage für Neuplanungen bzw. Empfehlungen an die
Planungsträger hatten diese Projektbeurteilungen aber keine Gemeinsamkeiten. Die

[1] Markus Ritter, Umweltverträglichkeitsprüfung und unabhängiger Sachverstand (Mag. Jus 1992) 6-12 .
siehe auch: Willy A. Schmid, Anna M. Hersperger, Ökologische Planung und Umweltverträglichkeitsprüfung
(Zürich 1995) 109. Und: Handbuch Strategische Umweltprüfung (Hrsg.), Die Umweltprüfung von Politiken, Plänen
und Programmen (Wien 1997) 1f.

„Umweltverträglichkeitsprüfung" wurde als Gesamtheit aller umweltrelevanten Genehmigungsverfahren verstanden.[2]

Mit dem EWR-Beitritt 1994 entstand auch in Österreich Handlungsbedarf, da die EG-Richtlinie 85/337/EWG vom 27.6.1985 alle Mitgliedsstaaten verpflichtete, öffentliche und private Vorhaben mit möglicherweise erheblichen Auswirkungen auf die Umwelt vor ihrer Genehmigung einer Prüfung zu unterziehen. Durch Umweltvorsorge soll dem Entstehen weiterer schädlicher Umwelteinwirkungen vorgebeugt werden.[3]

AUFGABENSETZUNG DER UVP

Durch die Umweltverträglichkeitsprüfung sollen negativen Umweltfolgen erklärt, beschrieben, wenn möglich verhindert oder wenigstens vermindert werden. Hierbei sind aber auch die primären und sekundären Wirkungsketten zu beachten. Die Umweltverträglichkeitsprüfung ist demnach ein systematisches Prüfungsverfahren auf Grundlage des *Vorsorgeprinzips.* Dieses Prinzip lässt sich auch durch die Begriffe umwelt- und maßnahmenbezogene Vorsorgeprinzipien beschreiben. Dabei werden alle Einwirkungen und Einflüsse auf die Umwelt im globalen Rahmen analysiert, um sie anschließend mildern oder vermeiden zu können. Eine Untersuchung von Maßnahmen und Vorhaben, bei denen starke Umweltbelastungen oder Umweltzerstörungen nicht mit einer gewissen Sicherheit ausgeschlossen werden können, soll erfolgen. Falls daraus erhebliche Nachteile für die Allgemeinheit entstehen könnten, hat man mittels der Umweltverträglichkeitsprüfung diese Auswirkungen zu analysieren und zu bewerten, um Abhilfe zu schaffen und Lösungsmöglichkeiten zu finden.

Als zusammenfassender Definitionsversuch könnte man die UVP als *Zustandsanalyse* bezeichnen. Diese beinhaltet eine umfassende Prognose von direkten und indirekten Umweltfolgen einer Maßnahme, eine Beurteilung der Auswirkungen dieser Maßnahme bezüglich deren Vertretbarkeit und schließlich die Vorbereitung einer umweltrelevanten Behördenentscheidung. Im Rahmen der Analyse ist das Verfahren für die Öffentlichkeit und andere Behörden transparent zu gestalten.[4]

---

[2] Markus Ritter, UVP – (R)evolution im Betriebsanlagenverfahrensrecht? Das UVP-Gesetz als Modell eines einheitlichen Umweltanlagenrechts (Diss. Juris, Graz 1994) 54f.
[3] Mag. Heide Streicher-Kurz, Die Umweltverträglichkeitsprüfung (Diss.Juris Graz 1993) 3f.
siehe auch: Christian Molnar, Verfassung und UVP-Gesetz (Dipl.Juris Graz 1997) 3.
[4] Streicher-Kurz, UVP 6f.

Mittels der UVP versucht man in erster Linie, *durch ein standardisiertes Verfahren* eine möglichst umfassende Information über die von den geplanten Projekten zu erwartenden Umweltfolgen zu erhalten. Demnach ist die UVP als ein Verfahren zur Erstellung qualitativ hochwertiger Gutachten anzusehen.[5]

In Österreich wird die Umweltverträglichkeitsprüfung als Teil der *Entscheidungsvorbereitung* eines staatlich geregelten Verfahrens mit bestimmten verfahrensmäßigen und inhaltlichen Mindestelementen gesehen. Dem Verfahren liegt ein bereichsübergreifender und ganzheitlicher Ansatz zugrunde.[6]

FUNKTIONEN DER UVP

❶ Die UVP ist weder ein Projektverhinderungsinstrument noch ein Patentrezept zur Beschwichtigung von Umweltaktivisten. Ziel ist es, die Behörden durch umfassende Information in die Lage zu versetzen, die Umweltbelange besser berücksichtigen zu können und damit zu einer sachgerechten Genehmigungsentscheidung beizutragen. Daher sollte eine möglichst umfassende Beteiligung qualifizierter Sachverständiger, verantwortlicher Behörden und der betroffenen Öffentlichkeit am Vorgang der Informationsschaffung sichergestellt sein (Informationsfunktion der UVP).

❷ Die UVP ist ein Instrument des vorsorgenden Umweltschutzes. Ihr Ziel muss es sein, mögliche Umweltbelastungen vorausschauend zu erkennen und vorbeugend zu vermeiden. Daher erscheint eine der Gefährlichkeit der zu genehmigenden Anlagen angemessene Risikoverteilung zugunsten der Sicherheit erforderlich (Vorsorgefunktion der UVP).

❸ Um eine sinnvolle Verarbeitung aller Informationen zu gewährleisten, aber auch um dem wichtigen integrativen Ansatz zu entsprechen, sind besondere Vorkehrungen zur Sicherstellung der erforderlichen Koordination der Verfahrensbeteiligten (insbesondere der beteiligten Behörden) zu treffen (Koordinierungsfunktion der UVP).

❹ Angesichts der steigenden Umweltsensibilisierung der Öffentlichkeit ist eine, nach

---

[5] Ritter, UVP und Sachverständiger 28.
[6] Streicher-Kurz, UVP 6.

Maß der Betroffenheit angemessene Öffentlichkeitsbeteiligung (nicht nur bei der Informationsbeschaffung, sondern auch im Sachverhalt der Partizipation) bzw. eine möglichst transparente Verfahrensgestaltung notwendig (Befriedigungsfunktion der UVP).[7]

KOSTEN DER UVP

Die Kosten der UVP sollten in der Höhe von 0,4% der Projektkosten vom Projektwerber selbst getragen werden. Die Höhe des Betrags ist nach Abschluss des Verfahrens vom Landeshauptmann über einen Bescheid festzustellen.[8]

WAS HEISST UMWELTVERTRÄGLICH?

Das menschliche Leben ist unausweichlich mit der Beanspruchung von Leistungen des Naturhaushaltes und mit Eingriffen in die Umwelt verbunden. Einerseits verändern wir mit unseren Tätigkeiten die Umwelt, andererseits sind wir als Teil derselben von diesen Eingriffen betroffen. Die Grenze zwischen vertretbaren und nicht vertretbaren Veränderungen unserer Umwelt ist wesentlich bestimmt durch die Ansprüche der Gesellschaft an die Umwelt, die aus naturwissenschaftlichen Erkenntnissen, Erfahrungen aus der Vergangenheit und Werthaltungen der Gesellschaft immer wieder neu definiert und in Rechtsnormen festgehalten werden müssen. Die Frage der Umweltverträglichkeit wird vor dem Hintergrund der bestehenden umweltrelevanten Normen gesehen. Zu diesen Vorschriften gehören unter anderem das Umweltschutzgesetz und die Vorschriften, die den Naturschutz, den Landschaftsschutz, den Gewässerschutz, die Walderhaltung, die Jagd und Fischerei betreffen.[9]

---

[7] Ritter, Diss. 60f.
[8] Streicher-Kurz, 290.
[9] Schmid, Hersperger , ökologische Planung 112f.
siehe auch: Gareis-Grahmann, Landschaftsbild und UVP. Analyse, Prognose und Bewertung des Schutzgutes „Landschaft" nach dem UVP-Gesetz (Berlin 1993) 48.

UVP-Verfahrensarten

Projekt-UVP

Unter einer Projekt-UVP versteht man die Prüfung der Auswirkungen eines bestimmten, meist im Stadium der Planung stehenden Vorhabens oder Projektes auf die Umwelt. Die Prüfung umfasst mögliche Alternativen zu diesem Projekt, auch den Verzicht auf die Verwirklichung des Projektes.

Konzept-UVP

Eine Konzept-UVP beschäftigt sich nicht nur mit konkreten Projekten, sondern beinhaltet die Erstellung von Grundkonzepten, Plänen und Programmen, wie z. B. Verkehrswesen oder Baulandwidmungen.

Produkt-UVP

Eine Produkt-UVP erstellt unter Verwendung von Ökobilanzen eine Liste von Produktionsalternativen zum geplanten Produkt. Die Produkt-UVP sollte in Verbindung mit der Projekt-UVP durchgeführt werden. Das Planungsverfahren einer Produkt-UVP ist ein Verfahren mit fest vorgegebenem Ablauf und formalen und inhaltlichen Anforderungen, das eine Produktionsmaßnahme vorausschauend analysiert. Der Produktplanungsablauf ist ähnlich einer Projekt-UVP gestaltet.[10]

DAS UMWELTVERTRÄGLICHKEITSGESETZ

Der unzureichende Schutz der Umwelt seitens des Rechtssystems trug zur Notwendigkeit der Umweltverträglichkeitsprüfung bei. Bereits vor der Schaffung des UVP-Gesetzes gab es eine Vielzahl umweltrelevanter Rechtsvorschriften in verschiedenen Gesetzen (Gewerbeordnung, Bauordnung, Berggesetz etc.). Diese Gesetze dienten aber nicht vorrangig dem Schutz der Umwelt. Eine umfassende Berücksichtigung der Umweltauswirkungen eines Vorhabens war nicht möglich, weil nach den verschiedenen Materienvorschriften immer nur einzelne Umweltfolgen zu beachten waren. Erst durch die Schaffung eines Genehmigungsverfahrens und den

---

[10] Streicher-Kurz, UVP 10f.
siehe auch: Schmid, Hersperger, 114f.

Ersatz aller Einzelbewilligungen durch einen *Gesamtbescheid* wurde die Berücksichtigung sämtlicher Umweltfolgen möglich.

Die verfassungsrechtliche Grundlage für das UVP-Gesetz wurde durch die Bundesverfassungsgesetzesnovelle BGvRI 508/19/3 geschaffen. Durch die Bestimmung Artikel 11 Absatz 1 27 B-VC wurde die Gesetzgebung dem Bund und die Vollziehung den Ländern zugewiesen. Außerdem enthält diese Bestimmung eine Bedarfsgesetzgebungskompetenz des Bundes, welche die Grundlage für die Genehmigungskonzentration darstellt.[11]

ZIELSETZUNGEN DES UVP-GESETZES

→ *Überwindung der sektoralen Prüfungs-und Betrachtungsweise durch eine* integrative Gesamtbeurteilung der Umweltauswirkungen

→ Vorsorge durch vorbeugende Vermeidung von Umweltbeeinträchtigungen; Umsetzung der EG-Richtlinien über die Umweltverträglichkeitsprüfung;

→ Einheitliche UVP für Verfahren im Bereich aller Gebietskörperschaften mit bescheidmäßigem Abspruch; zu diesem Zweck: umfassende Verfahrenskonzentration; maximale Parteistellung für initiative Bürgergruppen auch im Genehmigungsverfahren und nicht nur bei der Bürgerbeteiligung.[12]

VERFAHRENSABLAUF

HAUPTAKTEURE IM UVP-VERFAHREN

An einer UVP sind im wesentlichen der Gesuchsteller (Projektträger), die zuständige Behörde und die Umweltschutzfachstelle beteiligt. Projektträger kann jede Person sein, welche die Genehmigung für ein privates Projekt beantragt, oder eine Behörde, die ein Projekt betreiben will. Er ist verantwortlich für die Erarbeitung des UVB und dessen Einreichung zur Bewilligung bei der zuständigen Behörde. Mindestens 6

---

[11] Ritter, Diss. 60f.
siehe auch Raschauer, Der Anwendungsbereich der Umweltverträglichkeitsprüfung als Teil der Verwaltungsreform. In: Österreichisches Jahrbuch für Politik 1993 (1994) 496.
[12] Mollnar, Verfassung und UVP-G 3.

Monate vor Antragstellung zur Genehmigung muss der Gesuchsteller sein Vorhaben in Grundzügen mit Vorlage eines UVP-Konzeptes ankündigen. Die Landesregierung stellt daraufhin den Untersuchungsrahmen fest:

- Art der erforderlichen Genehmigungen
- Auswahl der heranzuziehenden Gutachter
- Überprüfung des UVP-Konzeptes

Die Beteiligung der betroffenen und umliegenden Gemeinden und des Umweltanwaltes sind zwingend vorgegeben.[13]

Bestellung von Sachverständigen

Im Kräftespiel der Interessengemeinschaften, das sich im wesentlichen in der subjektiven Realität abspielt, fällt dem Gutachter die Aufgabe zu, die objektive Realität zu beschreiben und Risiken für die Zukunft abzuschätzen.[14]

Für eine objektive und vorurteilsfreie Ermittlung eines Sachverhaltes muss die richtige und vollständige Einschätzung der jeweiligen Sachlage am Beginn eines Verfahrens gewährleistet werden. Bei der Bestellung von Sachverständigen durch die UVP-Behörde sind von dieser die anderen zur Genehmigung des Vorhabens zuständigen Behörden und in der Praxis der jeweilige Landesumweltanwalt oder ein hierzu eingerichtetes Bundesorgan zu hören.[15]

Sachverständige verfassen auf Grundlage der vorliegenden UVE und der erstellten fachlichen Teilgutachten ein UVG. Fachlich kompetente private Anstalten, private Institute oder Unternehmen können als Sachverständige bestellt werden. Die Auswahl der Sachverständigen unterliegt zwar der Behörde, aufgrund ihres externen Anstellungsverhältnisses können diese aber als unabhängige Sachverständige sowohl der Behörde als auch dem Projektträger gegenüber eingestuft werden.[16] Da bei Verfahren im Umweltschutz meist verschiedene Materien berührt werden und Wechselwirkungen aufweisen, ist interdisziplinäres Fachwissen nötig. Diese

---

[13] Bassin, Umwelt und europäisches Gemeinschaftsrecht 131.
Siehe auch: Schmid, Hersperger, Ökolog. Planung 17.
[14] Pfaff-Schley, UVP 128.
[15] Streicher-Kurz , UVP 327.
[16] Bassin, Umwelt und europ. Gemeinschaftsrecht 131f.

Experten ziehen und begründen, unter Wahrheitspflicht, fachmännische Schlüsse und werten aufgrund ihrer Sachkenntnisse die festgestellten Tatsachen aus.[17]

Amtssachverständige

...sind Organe, die dem Dienststand einer Gebietskörperschaft angehören und somit in die Verwaltung mit eingebunden sind. Diese Organe sind daher im Zuge der Aufgaben der Verwaltung weisungsgebunden. Sie erhalten durch die Behörde die Weisung zur Erstellung eines Befundes und Gutachtens. In der Verwaltungsorganisation ist der vorgesetzte Verwaltungsbeamte der weisungsgebende Beamte. Der Amtssachverständige kann jedoch die Befolgung der Weisung ablehnen, wenn die Weisung entweder von einem unzuständigen Organ erteilt wurde oder die Befolgung gegen strafgesetzliche Vorschriften verstoßen würde.[18]

nicht amtliche Sachverständige

Die Heranziehung eines Privatsachverständigen erfolgt sekundär über eine Auftragserteilung. Der Sachverständige ist an ein genau definiertes Beweisthema gebunden und wird (gemäß §52 Abs 2 AVG) beeidet.[19] Ein externer Sachverständiger hat den Vorteil, unabhängiger zu sein als der Amtssachverständige, ist aber aufgrund der Auftragslage manchmal zu Kompromissen gezwungen.[20]

Gemäß §289 StGB ist ein Sachverständiger, der „einen falschen Befund oder ein falsches Gutachten erstattet, mit einer Freiheitsstrafe ... zu bestrafen."[21]

INHALT DER UMWELTVERTRÄGLICHKEITSERKLÄRUNG

- Beschreibung des Projektes nach Standort, Art und Umfang.
- Beschreibung der Maßnahmen, mit denen bedeutende nachteilige Auswirkungen vermieden, eingeschränkt und, soweit wie möglich, ausgeglichen werden sollen.
- Angaben zur Feststellung und Beurteilung der Hauptwirkungen, die das Projekt voraussichtlich auf die Umwelt haben wird.

---

[17] Streicher Kurz , UVP 242.
[18] Streicher-Kurz, 244.
[19] Streicher-Kurz, 245f.
[20] Streicher-Kurz, 353.
[21] Streicher-Kurz, 245.

- Eine nichttechnische Zusammenfassung der obigen Angaben.[22]

Die UVE wird vom Landeshauptmann jeweils den Organen übermittelt, die vom Bund oder dem betreffenden Bundesland mit der Aufgabe, die Umweltschutzinteressen wahrzunehmen, eingerichtet wurden. Reichen die Angaben in der UVE zur Durchführung einer UVP nicht aus, kann der Landeshauptmann feststellen, dass bei geringfügigen oder keinen Umweltauswirkungen keine UVP erfolgen muss - unter der Voraussetzung, dass die Auswirkungen im „normalen" Verwaltungsverfahren schon ausreichend berücksichtigt wurden.[23]

Auf der Grundlage der vorliegenden UVE und der erstellten fachlichen Teilgutachten wird von Sachverständigen ein Umweltverträglichkeitsgutachten erstellt.[24]

Die Öffentlichkeitsbeteiligung erfolgt im Sinne einer Informationsweitergabe der UVE des Projektwerbers. Der betroffenen Öffentlichkeit ist eine Äußerungsmöglichkeit zu gewähren. Weiters besteht eine Informationspflicht gegenüber den Betroffenen über die von der Behörde getroffene Entscheidung inklusive allfälliger Bedingungen und Auflagen für das Vorhaben. Die Bürgerbeteiligung hat zeitlich so zu erfolgen, dass in der Planung noch Entscheidungsspielräume vorhanden sind, um die Bürgervorschläge zu berücksichtigen.[25]

Die UVE wird durch die zuständige Bezirksverwaltungsbehörde veröffentlicht und kann von jedem eingesehen werden. Innerhalb einer Frist von 6 Wochen kann man zum Projekt eine schriftliche Stellungnahme bei der Bezirksverwaltungsbehörde abgeben, die an den zuständigen Landeshauptmann weitergeleitet wird.[26] Darüber hinaus hat die Landesregierung gemäß §9 Abs2 per Anschlag in Standort- und umliegenden Gemeinden und in einer zur amtlichen Kundmachung bestimmten Zeitung, sowie in der regionalen Tagespresse eine Kundmachung vorzunehmen.[27]

Werden grenzüberschreitende Umweltauswirkungen erwartet, sind diese Staaten auf der Basis von Gegenseitigkeit und Gleichwertigkeit vom Vorhaben zu unterrichten.

---

[22] Schmid, Hersperger, Ökologische Planung 117.
    Siehe auch: Streicher-Kurz, UVP 151f.
[23] Streicher-Kurz 288f.
[24] Bassin, Umwelt und europ. Gemeinschaftsrecht 131.
[25] Streicher-Kurz 153.
[26] Streicher-Kurz 291.
[27] Bassin, 131.

DIE 3 ABSCHNITTE DES UVP-VERFAHRENS

- Der erste Verfahrensschritt ist die Erstellung der UVE durch den Projektträger. Innerhalb der EU haben nationale Behörden dem Projektträger zweckdienliche Informationen zur Verfügung zu stellen, falls die Mitgliedsstaaten dies für erforderlich halten.
- Der zweite Verfahrensschritt ist die Behörden- und Öffentlichkeitsbeteiligung. Unterscheiden kann man dabei zwischen der reinen Pflicht zur Weitergabe von Informationen, der Möglichkeit zur Äußerung und der Pflicht zur Konsultation. Das „stärkste" Beteiligungsrecht haben jene Behörden, die in ihrem umweltbezogenen Aufgabenbereich von dem Projekt berührt sein könnten, sowie die betroffene Öffentlichkeit. Diesen ist das Recht zur Stellungnahme einzuräumen. Der „allgemeinen" Öffentlichkeit muss die Information zugänglich gemacht werden.
- Der dritte Verfahrensschritt ist die Entscheidung über die UVP[28].

VERFAHRENSSCHRITTE

- Screening:

Das Screening ist ein Verfahrensschritt, der feststellt, ob für ein bestimmtes Vorhaben eine Umweltverträglichkeitsprüfung notwendig ist. Diese Prüfung kann vom Projektwerber oder einer zuständigen Behörde übernommen werden. Dieser Verfahrensschritt ist der informelle Beginn eines UVP-Verfahrens.

- Scoping:

Scoping wird jener Verfahrensschritt genannt, der die Untersuchungsbereiche genauer abgrenzt. Mittels dieses Verfahrensschrittes soll für eine spezielle Maßnahme eine spezielle Festlegung des Untersuchungsrahmens erfolgen. Für jedes zu überprüfende Verfahren sind Besonderheiten zu beachten, und die konkreten Methoden der Feststellung gleichen einander nicht immer. Mit dem „Scoping" wird die Abgrenzung des Bereiches der konkreten Umwelt-verträglichkeitsprüfung durch die Behörde unter Mitwirkung aller sonst involvierten Behörden sowie der Öffentlichkeit (z.B. Private, Umweltschutzgruppen) vorgenommen. Dieser Verfahrensschritt dient der Identifizierung und Definition des

---

[28] Streicher-Kurz, UVP 153f. siehe auch: Schmid, Hersperger, Ökologische Planung 118-121.

einzelfallbezogenen Untersuchungsgegenstandes der UVP. Darin werden die Schwerpunkte der behördlichen UVP festgelegt. [29]

DURCHFÜHRUNG DER UMWELTVERTRÄGLICHKEITSUNTERSUCHUNG:

Die UVE ist vom Vorhabensträger zu erstellen. Sie umfasst die Beschreibung der Auswirkungen der vorgesehenen Maßnahme auf die Umwelt.
- Kommentierung des Untersuchungsberichts durch Dritte.
- Beurteilung der Ergebnisse der UVP.
- Entscheidung
- Nachkontrolle (Monitoring):
Im Monitoring-Verfahren wird ein Vergleich zwischen den im Verfahren prognostizierten und den tatsächlich eingetretenen Umweltauswirkungen erarbeitet. Diese Überprüfung kann, je nach Gesetzeslage, einmalig (in Österreich Nachkontrolle drei bis fünf Jahre nach Inbetriebnahme)[30] oder wiederholt stattfinden. Das Monitoring ist eine Ergänzung zur UVP.[31]

DIE KOMPETENZEN

Aufgrund der Kompetenzverteilung ergibt sich in der vollziehenden Verwaltung die Bundes-, Landes- und Gemeindeverwaltung. Die Organe, die diese Vollziehungsaufgaben übernehmen, sind Verwaltungsbehörden, die für die Erlassung von Bescheiden zuständig sind. Träger der mittelbaren Bundesverwaltung ist der jeweils zuständige Landeshauptmann, der in seinem Aufgabenbereich an die Weisungen der Bundesregierung oder an jene der einzelnen Bundesministerien gebunden ist. Der Landeshauptmann ist zur Durchsetzung der Weisungen an die ihm untergeordneten Behörden verpflichtet.[32]
In Österreich hat der Bund die Möglichkeit, Regelungskompetenzen an sich zu ziehen. Der Landesgesetzgeber wird in seiner Gesetzgebung eingeengt, falls der Bundesgesetzgeber in einem speziellen Bereich von seiner Kompetenz gebrauch macht.[33] Die betroffenen Gemeinden haben das Recht auf einfachgesetzliche Zuweisung aller Angelegenheiten im eigenen Wirkungsbereich. Nach Art 118 Abs 2B

---

[29] Streicher-Kurz, UVP 7-9,
[30] Bassin, Umwelt und europ. Gemeinschaftsrecht 132.
[31] Streicher-Kurz, UVP 7-9,
[32] Streicher-Kurz 252.
[33] Streicher-Kurz, 228.

- VG (Gemeindeverfassungsnovelle) soll „die Gemeinde als die primäre Stelle des öffentlichen Lebens mit Funktionen erfüllt" werden. Land und Bund sollten hierbei nur subsidiär in Erscheinung treten.[34] Anstelle vieler erforderlicher Einzelverfahren wurde ein einziges, konzentriertes Genehmigungsverfahren konzipiert, das in einem Gesamtbescheid mündet. Dadurch kommt es zu einer erheblichen Straffung des kosten- und zeitintensiven Verfahrens, da nun eine einheitliche Behörde, ein einheitliches Verfahren und ein einheitlicher Rechtsschutz gegeben sind.[35] Zuständig zur Erlassung des Gesamtbescheides ist die Landesregierung. Die „Konzentrationswirkung" umfasst auch Genehmigungsverfahren, die vorher im Wirkungsbereich der Gemeinde waren.[36] Durch diese Bestimmung (§3 Abs 2 UVP – G) wird der Einfluss der Gemeinde auf Großvorhaben fast völlig beseitigt. Sie bewirkt eine Entziehung der Zuständigkeit zur Durchführung baurechtlicher Verfahren und eine erhebliche Beeinträchtigung der Gemeinde-kompetenz zur örtlichen Raumplanung.[37]

STRAFBESTIMMUNGEN

Das UVP-Gesetz enthält Strafbestimmungen für den Fall
- der Säumigkeit nach reklamierter Unvollständigkeit der UVE
- des Nichteinhaltens der Informationspflicht gegenüber der Landesregierung oder einem Sachverständigen
- der Missachtung von Anzeige- und Auskunftspflichten, die alle Verwaltungsübertretungen darstellen.[38]

BERUFUNGSINSTANZ

Im Falle der Unzufriedenheit mit dem Genehmigungsbescheid der Landesregierung kann man sich an den Umweltsenat wenden (§40 Abs 1 UVP-G). Gegen die Entscheidung des Umweltsenates als Oberbehörde ist keine Aufhebung oder Abänderung im Verwaltungsweg möglich. Der Umweltsenat ist eine Kollegialbehörde

---

[34] Molnar, Verfassung und UVP 10-13.
[35] Molnar, Verfassung und UVP 8f.
§3 Abs 2 UVP – G: „Wenn ein Vorhaben einer UVP zu unterziehen ist, sind alle nach den Verwaltungs-vorschriften, auch soweit sie im eigenen Wirkungsbereich der Gemeinde zu vollziehen sind, für die Ausführung des Vorhabens erforderlichen Genehmigungsverfahren von der Behörde (§39 Abs 1) in einem konzentrierten Verfahren durchzuführen (konzentriertes Genehmigungsverfahren)".
[36] Molnar, 9.
[37] Molnar, 12f.
[38] Bassin, Umwelt und europ. Gemeinschaftsrecht 132.

mit richterlichem Einschlag, deren Mitglieder mindestens 5 Jahre Berufserfahrung im Verwaltungs- und Umweltrecht gesammelt haben müssen. Die Verhandlungen vor dem Umweltsenat sind öffentlich. Der Berufungsbescheid ist ebenfalls öffentlich zu verkünden und jedem zur Einsicht zugänglich.[39]

BÜRGERBETEILIGUNG

Die Bürgerbeteiligung soll verschiedenen Zwecken dienen:
- der Projektdurchsetzung, d.h. mit Einbindung der Projektgegner soll eine „rechtskräftigere" Genehmigung erreicht werden.
- der Projektverhinderung, d.h. aufgrund der vielen Einwände erfolgt eine Projektverzögerung, bis der Projektwerber schließlich aufgibt.
- der sozialen Verträglichkeit, d.h. durch die Einbindung von Bürgern werden Vorurteile aufgeklärt und das Vorgehen der Verwaltung durchschaubarer.
- der Rechtskontrolle, d.h. es sollen rechtswidrige Genehmigungen und „Packeleien" zwischen Projektwerber und Behörde verhindert oder im Instanzenzug bekämpft werden.[40]

DIE BÜRGERINITIATIVE

Eine Bürgerinitiative entsteht, wenn eine Stellungnahme (nach §19 Abs 4 UVP-G) zu einem Projekt von mindestens 200 Personen, die in der Standortgemeinde oder einer an diese unmittelbar angrenzenden Gemeinde für Gemeinderatswahlen wahlberechtigt sind, unterstützt wird.[41] Bürgerinitiativen haben, verglichen mit den Möglichkeiten des einzelnen Bürgers, überproportionale Durchsetzungschancen. Sie ergänzen das bürokratische Verfahren und dienen als „Frühwarnsystem". Nachteile liegen vor allem in den Motivationsdefiziten und der teilweisen mangelnden technischen Informiertheit, da Projektwerber und Bürgerinitiativen „Gegner" in einem Verfahren sind und der Informationsfluss oft spärlich ist. Bürgerinitiativen agieren

---

[39] Bassin, Umwelt und europ. Gemeinschaftsrecht 133.
[40] Streicher-Kurz, UVP 355f.
[41] Molnar, Dipl. 31.

meist medienwirksam, um sich Gehör zu verschaffen, behandeln aber häufig eher lokale Probleme.[42]

ZUSAMMENFASSUNG

Summa summarum stellt die UVP ein wichtiges Element hinsichtlich des Umweltschutzes dar. Im Zuge des komplexen Verfahrens versucht man seitens des Gesetzesgebers die, von dem jeweiligen Projekt betroffene Bevölkerung in ihren Rechten zu stärken, bzw. zu verhindern, dass diese durch etwaige wirtschaftlich motivierte Vorhaben ökologisch bedingte Nachteile erleidet. Die UVP rückt damit stark ins Interesse lokaler Bürgerinitiativen, die sich von potenziellen Bauprojekten zukünftig in ihrer Lebensqualität bedroht fühlen. Hundertprozentige Transparenz und Objektivität kann leider auch im Rahmen einer UVP nicht immer gewährleistet werden.

---

[42] Streicher-Kurz, 356.

Appendix

Abkürzungsverzeichnis

UVE...Umweltverträglichkeitserklärung

UVP...Umweltverträglichkeitsprüfung

UVPG...Umweltverträglichkeitsprüfungsgesetz

UVPV...Umweltverträglichkeitsprüfungsverfahren

Literaturverzeichnis

Adelheid Bassin, Sonja Dörflinger, Dieter Wagner, Marion Schoberl, Umwelt und Europäisches Gemeinschaftsrecht unter besonderer Berücksichtigung der Subsidiarität: Lärm, UVP (Dipl. juris, Graz 1994).

Fidelis-Jasmin Gareis-Grahmann, Landschaftsbild und UVP. Analyse, Prognose und Bewertung des Schutzgutes „Landschaft" nach dem UVPG (Berlin 1993).

Handbuch Strategische Umweltprüfung, Die Umweltprüfung von Politiken, Plänen und Programmen (Wien 1997).

Christian Molnar, Verfassung und UVP-Gesetz (Dipl. juris, Graz 1997).

Österreichisches Jahrbuch für Politik 1993 (Wien 1994).

Herbert Pfaff-Schley (Hrsg.), Die UVP. Probleme in der Planungspraxis und ihre Ursachen (Berlin, Heidelberg, New York 1996).

Markus Ritter, Umweltverträglichkeitsprüfung und unabhängiger Sachverstand (Dipl. juris, 1992).

Markus Ritter, Die UVP – (R)evolution im Betriebsanlagenverfahrensrecht. Das UVP-Gesetz als Modell eines einheitlichen Umweltanlagenrechts (Diss. Juris, Graz 1994).

Willy A. Schmid, Anna A. Hersperger, Ökologische Planung und Umweltverträglich-keitsprüfung (Zürich 1995).

Heide Streicher-Kurz, Die Umweltverträglichkeitsprüfung (Diss. Juris 1993).